U0187306

水宝大揭秘

新疆金风科技股份有限公司

——

著

清华大学出版社

北 京

内容简介

这是一本让孩子们通过阅读生活中的小故事就可以轻松走进水世界的科普读物，书中生动活泼地阐述了水的特征、水的重要性，以及保护水资源的知识。阅读本书，可以让孩子们在心中种下"节水爱水"的环保种子，让他们用虔诚的态度去感恩水，并在日常生活中付诸实践，为社会的可持续发展打下坚实的基础。

图书在版编目（CIP）数据

水宝大揭秘 / 新疆金风科技股份有限公司著. —北京：清华大学出版社，2022.6
ISBN 978-7-302-60930-8

Ⅰ．①水… Ⅱ．①新… Ⅲ．①水－青少年读物 Ⅳ．①P33-49

中国版本图书馆CIP数据核字（2022）第088986号

责任编辑：杜春杰
封面设计：刘　超
版式设计：文森时代
责任校对：马军令
责任印制：朱雨萌

出版发行：清华大学出版社
　　　　网　　　址：http://www.tup.com.cn，http://www.wqbook.com
　　　　地　　　址：北京清华大学学研大厦A座　　　邮　　编：100084
　　　　社　总　机：010-83470000　　　　　　　邮　　购：010-62786544
　　　　投稿与读者服务：010-62776969，c-service@tup.tsinghua.edu.cn
　　　　质　量　反　馈：010-62772015，zhiliang@tup.tsinghua.edu.cn
印　装　者：北京博海升彩色印刷有限公司
经　　　销：全国新华书店
开　　　本：145mm×210mm　　印　　张：3.875　　字　　数：41千字
版　　　次：2022年8月第1版　　　　　　　印　　次：2022年8月第1次印刷
定　　　价：38.00元

产品编号：091411-01

编 委 会

推荐语

亲爱的各位青少年朋友：
你们好！

    欢迎阅读《水宝大揭秘》。当提到"水"的时候，你想到了什么？奔流不息的母亲河？汩汩而流的清泉？源源不断的自来水？……提到"水"的时候，我们都会觉得万分熟悉，它就像我们生命的一部分，无处不在。翻开这本环保科普读物，你将跟随"海绵小子"与"水宝"一起穿越历史，探索一代代科学家利用水、净化水的历史，一起在生活的点滴中发现生命和生活中关于水的种种现象，一起应用地理和化学知识解密这些现象背后的科学原理，一起感受现在"碧水蓝天"的美好生活的来之不易。

水既与我们的生活息息相关，又关乎人类未来的发展，而未来的世界是你们的，新疆金风科技股份有限公司（以下简称"金风"）之所以坚持在节能环保行业孜孜不倦地耕耘，正是为了把有着碧水蓝天的世界留给你们。我们希望你们能够通过不断的努力和学习，创造出一个更美好的明天，也希望有一天在中国的环保行业领头军中能看到你们的身影。

金风科技董事长

前　言

　　水是生命之源。水占人体体重的 2/3 以上，是人体必需的营养素之一，也是世界上所有生物体最重要的组成部分和生存资源。有了它，才有我们蔚蓝的星球；有了它，才有我们秀美的山川，世界才能生机勃勃。然而，这么宝贵的资源却正遭受着污染与浪费。

　　陆地上的淡水资源储量只占地球上水体总量的 2.53%，在这 2.53% 的淡水中，绝大部分是难以取得的冰川和深层地下水，开采利用难度也很大，留给人类可获得的主要淡水资源只有可怜的 0.3%，如果再不节约用水、保护水资源，那么世界上最后一滴水将是人类的眼泪。

　　这是一本让孩子们通过阅读生活中的小故

事就可以轻松走进水世界的科普读物。本书生动活泼地阐述了水的特征、水的重要性，以及保护水资源的知识。阅读本书，可以让孩子们在心中种下"节水爱水"的环保种子，让他们用虔诚的态度感恩水，并在日常生活中付诸实践，为社会的可持续发展打下基础。希望通过所有人的努力，使我们居住的这颗蓝色星球细水长流，不绝"飞流直下三千尺"的壮丽和"小桥流水人家"的诗情画意。

人物介绍

海绵小子

身份：海绵小学三年级学生
名字含义：希望能像海绵吸水一样吸取很多知识
性格：善良，勇敢，好学，小迷糊
爱好：足球
特征：鸭舌帽，手表，运动套装

海绵博士

昵称：海绵爸爸
身份：海绵市金风水处理工程师
性格：温柔，沉稳，博学
爱好：发明创造
特征：安全帽，工装，白大褂

水宝

身份：海绵博士发明的水滴机器人
特征：蓝色水滴状，长有翅膀
技能：会飞行、隐身、雷达、强化、投影等

目录

导　语

　　大家好，我是海绵小子。这里是我居住的城市——海绵市，这是一座绿色环保的城市，一切都以绿色能源来驱动，在这里你可以看到最蓝的天空，呼吸到最洁净的空气，还可以喝到最纯净的水……这一切都离不开环保科学家的努力，当然还有我引以为傲的爸爸妈妈，他们是水处理工程师，为我们提供最纯净的水源，帮助海绵城市实现可持续发展。

未来，我也希望能成为一名像他们那样的水专家，当然，我还有很多关于水的知识需要学习，而我也时常会犯迷糊，闹出很多笑话，但这都没关系，我相信只要努力，在爸爸和水宝的帮助下，我的愿望一定会实现的！

初见水宝——水的形态转换

"海绵小子，我们去溜冰吧！"海绵爸爸对着坐在沙发上的海绵小子说道。

"好啊，我马上去找我的溜冰鞋。"说完，海绵小子就从沙发上跳了下来。

在体育馆的溜冰场上，海绵小子抓着海绵爸爸的手问道："爸爸，为什么在大夏天还有这么多的冰呢？"海绵爸爸指着一旁像霸王龙一样的巨大机器说道："这都得靠它——制冰机。"

"制冰机？用来干吗的？"海绵小子问道。

"让水宝告诉你吧！"海绵爸爸回应道。

"水宝是谁？"海绵小子疑惑地问。

只见海绵爸爸掏出一个蓝色盒子，金光闪过，一个水滴状的身影便出现在海绵爸爸手上，海绵小子看着眼前的这个小东西问道："这就是水宝？"

海绵小子和爸爸在滑冰，水宝闪着金光在海绵博士手里诞生。

"是的，这是金风实验室利用水发明的水之精灵，它知道关于水的一切知识，不信你问问它。"海绵爸爸解释道。

"水宝，制冰机是怎么把溜冰场里的冰制作出来的呀？"海绵小子问。

"这个简单，制冰机只需要三步就能制作出溜冰场所需要的冰了。首先，把高纯度的水

制作高纯水　　冰面喷洒　　冷却冰面

烧成热水，使其变成水蒸气，然后用喷雾工具，把水蒸气喷洒在溜冰场地面，接着用冷却剂迅速让水结冰，再接着喷水蒸气，反复五六次，就能结成溜冰场需要的冰啦。"水宝回答。

"原来水还可以变形啊！咦，水宝你怎么了？"只见水宝说完话便僵硬地躺在地上，"这里太冷，我被冻成冰块啦！"水宝虚弱地回答。

"我马上带你到阳光下。"海绵小子捧着水宝冲向门口，海绵爸爸在一旁挠着后脑勺尴尬地说："糟了，忘记给水宝穿衣服了。"

初见水宝

水的形态转换

水蒸气——气态

凝结

蒸发

水——液态

升华

凝华

融化

凝固

冰——固态

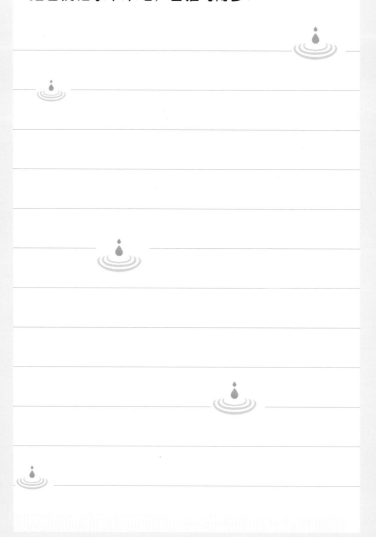

小 朋 友 们

生活中你们见到的不同形态的水都有哪些?
把它们记录下来吧，看谁写得多!

水宝大冲关

会飞的水——大自然的水循环

一个周末的清晨，海绵小子与他的爸爸正走在前往海绵市郊外的路上，今天是他们的家庭登山日。

海绵小子背着书包，东瞧瞧，西望望，兴致勃勃地欣赏着郊外的美景。当他们走到清澈的小溪边时，海绵小子看着水中自由自在的鱼儿便问海绵爸爸："小溪是小鱼的家，那小溪的家在哪儿呢？"

海绵爸爸蹲下回答："小溪的家是海洋。"

"那海洋的家呢？"海绵小子又问。

"海洋的家是冰川，是天空啊！"海绵爸爸耐心地回答。

"爸爸骗人！"海绵小子生气地说，"水变成冰我知道，可它在地上，怎么会飞到天上呢？""不信你问问水宝吧！"海绵爸爸说。

　　"水宝，为什么地上的水会飞到天上去呢？"水宝闪现出来，眨着眼说："大自然中的水都是循环的，海洋、河流、湖泊等的水面受太阳照射，水面的水分受热蒸发；地面、森林、草原也会蒸发大量水分。这些水分升入高空凝

冰川　　海洋　　小溪　　小鱼

雨　　雪　　冰

聚成云，在适当条件下又以降雨、降雪、降冰的形式回归地表。这些降水大部分会进入江、河、湖泊等，这些江、河、湖泊等称为地面径流。另一部分降水渗入地下，进入地下水层，地下水层称为地下径流。这两条径流的水最后都流入海洋。大自然中的水就这样周而复始地运动着，构成水的自然循环。人们也正是通过加热水的方式制取蒸馏水。"

"原来水不仅能上天还能入地呢！老爸，我回去也要做蒸馏水，让水飞起来！"海绵小子兴奋地说。"没问题！一会儿我们就回金风实验室一起让水飞起来。"海绵爸爸说。

　　"把水宝放在火上烤会怎样呢？"海绵小子半开玩笑地问道。水宝听到海绵小子这么一问，迅速挥动小翅膀逃走了，海绵小子则在后面一边坏笑一边追赶着。

小 朋 友 们

你们知道水都是从哪里来的吗?
把你们知道的答案全部填在下方空白处吧。

把"火""水""蒸馏水"三个名字填入下图,
做出自己的蒸馏水吧。

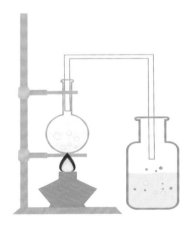

含水量大比拼——水的重要性

　　水族馆内，海绵小子目不转睛地盯着从眼前游过的大鲨鱼，兴奋地叫起来："爸爸，快过来看凶猛的大鲨鱼！"海绵爸爸走过来，蹲在海绵小子身边问道："海绵，我考考你，你知道地球上含水量最高的动物是什么吗？"

　　"那还用说，当然是大鲨鱼了！"海绵小

子头也不回，斩钉截铁地说。"不对哦！"海绵爸爸回答。"那就是大象。"海绵小子说。"还是不对哦！"海绵爸爸摇着头卖着关子回应。

海绵小子终于把目光从鲨鱼身上移开，看着海绵爸爸，问道："那究竟谁才是地球上含水量最高的动物呢？""让我们问问水宝吧！"海绵爸爸建议。

海绵小子立刻打开书包，水宝从书包里跳出来，落在海绵小子手里。"水宝，快告诉我，地球上含水量最高的动物是什么呢？"海绵小子问道。

水宝四处张望，飞到一只水母旁边，指着水母说道："它就是地球上含水量最高的动物。"

"水母？它这么小怎么会是含水量最高的动物呢？"海绵小子质疑道。"水母身体的胶质中含近97%的水分，鲨鱼含水量只有大约80%，大象虽然是陆地上现存最大的动物，但它的含水量只有70%左右。所以，水母才是地球上含

水量最高的动物！"

　　"那我们人类呢？"海绵小子迫不及待地问道。"成年人体内的含水量只有65%，而婴儿的含水量可达70%。人在自己一生的生命活动过程中，随着年龄的增长，体内的含水量会逐渐减少。"水宝回答道。"原来我们体内这么多水啊！"海绵小子感叹道。

　　"所以说水是生命之源，水不但能够提供人体所需的微量元素，还能帮助人体

含水量约 97%

含水量约 80%

含水量约 70%

溶解、运输、消化、吸收营养物质并参与身体代谢。人体一旦缺水，后果是很严重的，缺水1% ～ 2%，我们会感到口渴；缺水10%，会出现脱水症状；缺水15%会昏迷，思维混乱。如果没有水，食物中的营养成分就不能被人体吸收，废物就不能被排出体外，甚至药物都不能到达作用部位，新陈代谢将停止，人将死亡。"水宝补充道。

海绵小子听完，急切地说："爸爸，既然水这么重要，我要赶紧喝水，喝很多很多水！"

海绵爸爸笑着说："海绵小子，虽然水对人体很重要，但是也不能一次喝太多水，否则肚子

会变得像西瓜一样圆鼓鼓的了，还对我们的身体有伤害呢！"海绵小子听完，恍然大悟道："哦，我明白了，虽然水很重要，但也要适度饮水，对吧！咦，水宝的肚子总是圆滚滚的，是不是水喝得太多，变成西瓜了？过来让我拍一拍。"

水宝听到后，大喊："我本来就是水做的。"接着，像风一样逃走了！

水 宝 提 问

爸爸妈妈和你比起来，谁的含水量最高？
大家也可以考考爸爸妈妈哦！

沙漠植树——世界水资源现状

　　沙漠里，海绵小子与海绵爸爸正把一棵小树苗放进小沙坑里。

　　"爸爸，沙漠里缺水，为什么不能把海水引到沙漠里呢？有水就不用辛苦种树了。"海绵小子抱怨道。

　　"当海水被引入沙漠后，很快就会被沙漠吸收，海水还含有大量的盐分，会使那些被海水浸泡过的沙漠变成盐碱地。最终非但治不好沙

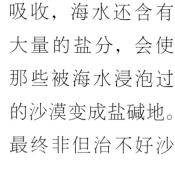

漠，还会把沙漠变得越来越糟糕。"海绵爸爸回答。

"那用河水呢？"海绵小子追问。

"既然你这么好奇，那就让水宝出来，给你说说地球上的水资源吧！"海绵爸爸建议道。

海绵小子刚打开书包，就见水宝戴着墨镜钻了出来。水宝说："一般来说，人们在提到缺水时，基本上就是指缺乏淡水。目前地球上水的总储量约

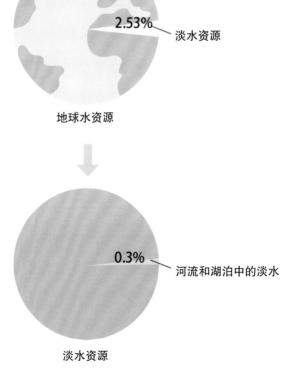

2.53% ——— 淡水资源

地球水资源

0.3% ——— 河流和湖泊中的淡水

淡水资源

21

为 1.39×10^{18} 立方米，其中淡水只占 2.53%。在这 2.53% 的淡水中，有绝大部分是难以取得的冰川和深层地下水。淡水资源的主要来源——河流和湖泊中的淡水仅占世界总淡水的 0.3%。而全世界的荒漠化土地面积已经达到 3600 万平方千米，占陆地总面积的 1/4，要灌溉这些荒漠需要大量的淡水，而在目前淡水资源无法满足全世界人类正常生活、生产的情况下，灌溉沙漠可以说是天方夜谭了。"

"咦，地球上的淡水资源还不够人类使用吗？"海绵小子忍不住反问。

"当然了，全球淡水资源不仅短缺而且地区分布极不平衡。按地区分布，巴西、俄罗斯、加拿大、中国、美国、印度尼西亚、印度、哥伦比亚和刚果 9 个国家的淡水资源占了世界淡水资源的 60%，另外有约占世界人口总数 40%的 80 个国家和地区的约 15 亿人口面临缺水问题，其中 26 个国家的 3 亿人口完全生活在缺水

40%

有约占世界人口总数 40% 的 80 个国家和地区面临缺水问题，淡水资源正在变成宝贵的稀缺资源

状态中。预计到 2025 年，全世界将有 30 亿人口缺水，涉及的国家和地区达 40 多个。21 世纪水资源正在变成一种宝贵的稀缺资源。"

"原来水资源这么宝贵，世界上还有这么多人缺水啊！"海绵小子感叹道。

"是的，改变荒漠问题，必须从一点一滴做起，比如节约用水、植树造林、减少二氧化碳的排放等，绝不能蛮干。"海绵爸爸一边说一边给树苗浇水。

"明白。水宝，我们一起种树吧！"海绵

小子说完，却发现水宝不见了，低头一看，原来水宝已经干瘪地躺在地上了。海绵小子急忙把水宝扔进水桶里。

"终于活过来了！"水宝从水桶里慢慢浮起来，长舒了一口气。

荒 岛 求 水

　　海绵小子在秋天去了荒岛，需要用可饮用的水制作抗失眠的薄荷茶、治疗疾病的汤药和各类食物。不过，在野外怎样才能得到可饮用的水呢？

　　荒岛的附近有海，有山，有很多种植物，有浑浊的水；海绵小子的背包里还有金属板、花岗岩石子、帆布、小刀、塑料瓶、漏斗、纱布、瓷砂、活性炭、过滤纸、碘酒、玻璃瓶、火柴等材料。

　　帮助海绵小子获得可饮用水的方法有几种？

将你们想到的方法写在活动单上吧！越多越好。

提示1：秋天，早上多露水，如何收集呢？

提示2：海水不能直接饮用，如何变成可饮用的水？

提示3：山里有山泉，如何变成可饮用的水？

提示4：泥泞的水中有泥沙、石块等，如何净化水？

"爸爸，你知道世界上最早的调水工程发生在哪里吗？"直升机上海绵小子拿着课本问。

"我当然知道，据历史考证，世界上最早的调水工程发生在公元前 3500 年，苏美尔人在美索不达米亚南部开掘沟渠，引底格里斯河、幼发拉底河的河水，浇灌出了灿烂的'两河文明'。"海绵爸爸反问海绵小子，"那你知道，

世界上最远距离的调水工程是什么吗？"

"这？书上没写。"海绵小子翻着书本寻找着。

"要不要问问我们这次夏令营的领队？"海绵爸爸说完，从身后掏出水宝。

只见水宝用小翅膀卷握着一面小旗子，上面写着"金风环保夏令营"。

海绵小子接过水宝，问道："水宝领队，你能告诉我世界上最远距离的调水工程是什么吗？"

水宝飞到空中说："世界上最远距离的调水工程就是我国的南水北调工程，规划总长度达 4350 千米。"

海绵小子继续问道："南水北调？那是什么？"

　　水宝回答道："南水北调是为了解决我国水资源时空分布不均而设计的一项重要的水利项目，顾名思义就是用南方的水资源缓解北方的用水困难。我国水资源的结构是东部多西部少，南方多北方少。从我国各大江大河径流分布看，长江、珠江、黑龙江径流量较丰富，而黄河、淮河、海河、辽河径流量较少，水资源匮乏，近几十年来水资源紧缺，严重制约着我国北方地区经济的发展，阻碍了人们生活质量的提高。为了从根本上解决西北和华北地区的用水问题，我国实行了跨流域调水，把水资源相对丰富的长江水调到北方来，尽量实现水资源的分配平衡。"

　　"明白了，就是说北方人也能喝到南方的水了。"海绵小子拍着手兴奋地追问，"那大概会从南方调多少水呢？"

"计划到 2050 年调水总规模为 448 亿立方米,相当于 3000 多个杭州西湖。"水宝说完,指着直升机下方的水库说:"你看到的就是南水北调工程中的白龟山水库,这里曾经水位见底,百万人的城市供水告急。关键时刻,南水北调应急调水,长江水 200 千米驰援,解了白龟山水库的燃眉之急。"

"哇,南水北调也太厉害了!"海绵小子

赞叹道。

"这只是其中的一部分，更厉害的还在后面呢！"水宝骄傲地说。

"水宝大导游，快带我们去南水北调工程的其他部分看看吧！"海绵小子讨好地说道。

"没问题，坐稳了，金风环保夏令营出发啦！"水宝举着小旗帜说。

夕阳下，一行人随着直升机飞往前方。

水宝提问

对于全人类来说，水资源整体还是缺乏的，那中国的水资源情况如何呢？

中国水资源总量为 _____ 万亿立方米，居世界第 _____ 位。

中国人口众多，人均水资源量只有 _____ 立方米，约为世界人均的 _____。

水宝大考验

霍乱时期的"福尔摩斯"——
饮用水革命

海绵小子戴着侦探帽，拿着放大镜在家里四处搜寻着什么。

海绵爸爸来到客厅准备倒水喝，看到海绵小子行为奇怪便问："海绵小子，你在干吗？"

海绵小子兴奋地跑了过来，指着电视说："我在扮演福尔摩斯啊！"

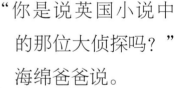

"你是说英国小说中的那位大侦探吗？"海绵爸爸说。

"爸爸，你也

知道福尔摩斯？"海绵小子问。

"当然了，我不仅知道福尔摩斯，我还知道英国的真实世界中的'大侦探'。"海绵爸爸自豪地说。

"比福尔摩斯还厉害吗？他是谁？"海绵小子好奇地问。

海绵爸爸拿着水杯坐下，说："他当然很厉害啊，他在英国的霍乱时期救了很多人呢！"

"霍乱时期？"海绵小子疑惑地问。

"1854年，英国暴发了第3次霍乱疫情。疫情迅速蔓延，大约有几百人死去。那段日子被称为霍乱时期。至于这位大侦探是谁，去问水宝吧！"

海绵小子从沙发上跳下，叫出水宝问："水宝，快告诉我谁是霍乱时期的大侦探，霍乱是如何传播的。"

"这个问题啊，并不简单，今天，你想不想当一次大侦探自己寻找答案？"水宝建议道。

"让我自己寻找真相吗？真是太棒了！快告诉我该怎么做。"海绵小子迫不及待地说。

　　"那接下来我会在你面前投射出 1854 年英国的生活场景，你可以在这个虚拟的环境中寻找线索，探寻真相！"没等水宝说完，海绵小子就喊："那赶快吧，我已经等不及了！"

　　话音刚落，水宝就已经完成了虚拟场景的投射。海绵小子立刻拿出放大镜仔细观察起来。他看到一些患者正不断地往厕所跑去，"这些患者好像住得挺近的，他们主要居住在哪里呢？"海绵小子心里想着，并没有说出口。这时一张霍乱传染地图在海绵小子面前展开，水宝好像已经明白了他的心思。随即海绵小子在地图上发现这些患者都分布在一台

水泵的附近。"难道霍乱与水有关？"海绵小子小声嘟囔着。

"不错，分析得很准确，霍乱就是由于人摄入的食物或水受到霍乱弧菌污染而引起的一种急性腹泻性传染病。那张霍乱传染地图是医生约翰·斯诺绘制的，同时他也通过自己的调查证明：霍乱暴发的根源正是这台已被脏水污染的水泵。"水宝肯定地说。"可是这台水泵是如何被污染的呢？"海绵小子立刻提出了新的疑问。

刚说完，一阵微风吹来，海绵小子闻到了一阵恶臭，差点晕倒，海绵小子捂住鼻子抱怨道："哪来的臭味？要把人给臭晕了。"海绵小子顺着臭味往前走了不远，就发现了一个大粪坑，"啊？城市里怎么会有这样的粪坑？真是太出人意料了！水宝，这是怎么回事啊？"

"霍乱期间，英国的抽水马桶也刚刚被发明不久，几乎所有人都喜欢上了这一改善'人生大事'体验的器物。但当时的城市还没有发达的下水道系统，人们便把抽水马桶的污水直接排到现有的粪坑里，于是粪水泛滥成灾，弄得满城臭气，病菌滋生。"水宝解释道。

"该不会就是这些污水污染了水泵周围的水源，让大家得了霍乱的吧？"海绵小子说。

"恭喜你，答对了，正是如此！霍乱深刻地影响了以后的公共卫生，也引起了人们对水污染的关注。"水宝意味深长地说。

从虚拟投影中走出来后，海绵小子担心地问水宝："那我们现在喝的水健康吗？"

水宝回答："当然！1897年，人们发现氯可以用来给饮用水消毒。1902年，比利时开始采用氯消毒饮用水，氯的使用解决了水中的生物污染问题，遏制了瘟疫的

流行，这就是第二次饮用水革命。现在，在给水处理厂处理后输送到每家每户的自来水都是非常安全的。"

"找到答案了吗？"海绵爸爸走过来问。

"找到了，另一个'大侦探'就是约翰·斯诺医生，我还找到了霍乱疫情传播的方式。我要继续发现更多的秘密，变成世界第一大侦探！"海绵小子回答。

水宝大百科

第一次饮用水革命——井水时代

井的出现开启了人类的第一次饮用水革命，使人类从河里取水过渡到打井取水，人类饮用水从此不再完全依赖江河湖泊。

第二次饮用水革命——自来水时代

19世纪以前，工业的发展带来了水的污染，水中的微生物引起各种传染病，霍乱、伤寒、瘟疫夺走了千百万人的生命。1897年，人们发现氯可以用来消毒饮用水。1902年比利时开始用氯消毒饮用水，解决了水中的生物污染问题，遏制了瘟疫的流行。自来水产生了。这就是第二次饮用水革命。

第三次饮用水革命——桶装水、瓶装水时代

目前，我国自来水厂采用传统净水工艺。桶装水、瓶装水作为第三次饮用水革命的代表应运而生。

第四次饮用水革命——直饮水时代

常见的直饮水工艺有：超滤、反渗透、纳滤等。很多小区已经安装了直饮水设备。净水工艺不同，过滤效果也有差别。其中过滤最彻底的属反渗透过滤净水工艺，其一般用在水质最差的地方。

水宝洗澡记——自来水厂处理流程

　　"海绵爸爸，糟了，水宝变黑了，好像生病了。"海绵小子捧着水宝向海绵爸爸求助。

　　"水宝需要'洗澡'了。"海绵爸爸回答。

　　"洗澡？我马上准备肥皂。"说完，海绵小子急切地冲向卫生间。

　　"等等，水宝这样是洗不干净的。"海绵爸爸一边阻止一边说，"你带上水宝，跟我去一个地方吧！"

　　"去哪儿？"海绵小子问道。

　　"去了你就知道了。"海绵

爸爸打了个哑谜。

海绵爸爸开车载着他和水宝来到金风水厂。

"爸爸，你怎么带我来你上班的地方呢？"海绵小子不解地问。

"爸爸来帮水宝洗澡啊！"海绵爸爸回答。

"给水厂怎么给水宝洗澡啊？"海绵小子问道。

"水宝是我们金风水厂用水做的精灵，它如同江河湖泊中的水一样，要想保持健康纯净，需要借助专业处理方法来进行水清洁。"海绵爸爸解释道。

"那具体怎么做呢？"海绵小子好奇地问道。

"我们只要把它放进水处理系统里，通过混凝、沉淀、过滤、消毒四步就可以把它变得干净、卫生了。"海绵爸爸一边说，一边把水宝放进水处理器中。

"什么是混凝、沉淀、过滤、消毒啊？"

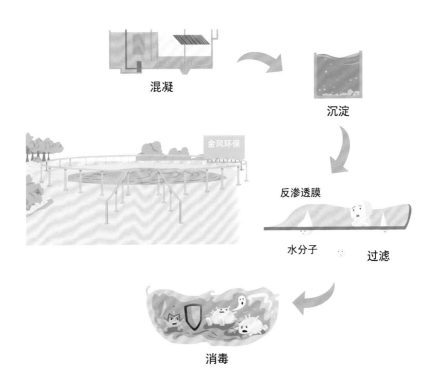

混凝

沉淀

反渗透膜

水分子

过滤

消毒

海绵小子追问。

　　"这是水处理的四大步骤。河流、湖泊、水库和地下等的水源通过泵站和管网输送到给水厂，给水厂通过这四大步骤把水中的杂质和微生物去除，使水质达到供水标准，然后，通过城市供水管网输送给千家万户。"海绵爸爸一边说，一边带海绵小子参观。

"这就是混凝池，原水进入水厂后在这里投加混凝剂并迅速混合，接着缓慢搅动水流，使混凝剂产生的反应物和悬浮杂质结成容易沉降的絮状颗粒。"海绵爸爸带着海绵小子来到混凝池边。

"混凝后的水需要沉淀，将溶液中的目的产物或主要杂质以无定形固相形式析出，再进行过滤分离。"海绵爸爸刚说完，海绵小子已经跑到了过滤池边。

"过滤法是最常用的分离溶液与固体不溶物的方法。当溶液和固体不溶物的混合物通过过滤器时，固体杂质就留在过滤器上，溶液则通过过滤器流入接收的容器。"海绵爸爸跟上去，向海绵小子解释道。

"完成以上三步后，最后在给水厂末端加

入氯气，氯气与水反应生成次氯酸。次氯酸有强氧化性，可以将水中的微生物病原体杀灭。干净卫生的自来水就诞生了。你看看水宝是不是变得焕然一新了？"海绵爸爸指着远处从出水口飞出来的水宝问。

"水宝，你变得好干净啊！"海绵小子惊呼道。

水宝开心地围着海绵小子扑打着小翅膀说道："水宝爱洗澡。"

氯气与水反应生成次氯酸

次氯酸可以杀死微生物病原体

氯气

次氯酸   水

水宝大冲关

请将以下四个词条（混凝、沉淀、过滤、消毒）填写在准确的位置，帮助自来水诞生。

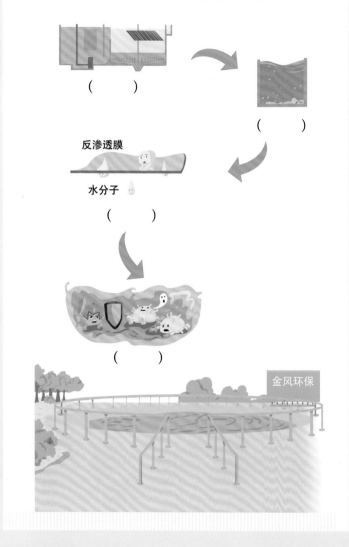

（　　　）

（　　　）

反渗透膜

水分子

（　　　）

（　　　）

金风环保

冬日里的刨冰——饮用水标准

冬季，户外白雪皑皑，海绵小子看着窗外突发奇想，他拿起饭碗往外走去。

海绵爸爸四处找不到海绵小子的身影，正在纳闷海绵小子去哪儿了，往窗外一看，只见海绵小子蹲在雪地里，于是他好奇地走了过去。

"海绵小子，你在干吗？"海绵爸爸问道。

"我在做刨冰啊。"海绵小子头也不回地回答。

　　"刨冰？"海绵爸爸往前一看，只见海绵小子前面放着一只小碗，里面已经盛了小半碗雪。

　　"你想吃雪？"海绵爸爸疑惑地问道。

　　"对啊，你看雪洁白无瑕，看起来非常干净，一会儿就可以吃了。"海绵小子回答。

　　"雪看起来洁白，但实际上它们并不干净，不能直接食用，水宝，用你的显微眼给海绵小子看看。"海绵爸爸说道。

　　水宝马上从海绵小子的帽子中钻出来，并接过一片雪花，直接放大，让海绵小子看。海绵小子惊讶地发现雪花中真的充满了杂质，正当海绵小子目瞪口呆的时候，水宝解释道："海洋、湖泊、河流、水池、湿地，以及没晾干的衣服等受阳光照射，其中的水分蒸发，成为水蒸气，弥漫在空中。当水蒸气凝结在一起，重

海洋、湖泊、河流等受太阳照射形成水蒸气，弥漫在空中。水蒸气凝结成雨或雪，会裹挟空气中的细菌。雨或雪落地过程中会带上空气中的烟粒和灰尘。

量达到一定程度时，空气的浮力再也无法支撑，便会形成雨或雪掉落到地面上。雨、雪在落地过程中，还会带上很多'小伙伴'，比如工厂里排放的烟粒、地面上空的灰尘，甚至连空气里的细菌也乘机混了进去。所以，当雨或雪满身疲惫地降落到地面时，已经不干净了。"

"那什么样的冰才能做刨冰呢？"海绵小子急切地问道。

水宝回答说："满足生活饮用水卫生5大标准的自来水在经过处理后，结成的冰就可以做刨冰啊！"

"哪5大标准呢？"海绵小子接着问道。

"满足6项微生物指标、4项饮用水消毒剂

指标、74 项毒理指标、20 项感官性状和一般理化指标，以及 2 项放射性指标即可。"水宝一一举例。

"听起来这么复杂。"海绵小子说道。

"其实并不复杂，现在我们家用的自来水就已经符合这些标准了，污水处理厂将雨水处理后，就会变成安全健康的饮用水了。"水宝说道。

"原来如此。"海绵小子转身看着海绵爸爸，说："爸爸，我们马上回去做刨冰吧！"

"天气太冷，我觉得冬天更适合打雪仗，接招儿。"说完，海绵爸爸就把一个雪球扔向海绵小子。

海绵小子被打中后，也捡起地上的白雪，做成雪球，进行回击。

微生物指标

饮用水消毒剂指标

毒理指标

感官性状和一般理化指标

放射性指标

海绵爸爸一个灵活躲闪，雪球却砸中了水宝。水宝晕乎乎地摔在了软绵绵的白雪上，形成了一个大坑，海绵小子与爸爸在一旁哈哈大笑，水宝摇摇头从坑里爬起来，扇动着小翅膀，裹挟着四周的白雪，把自己变成一个雪球，冲向海绵小子。海绵小子见状便抱头逃走。

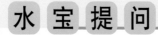

水宝提问

家里的自来水可以直接饮用吗?

雨水大闯关——污水处理流程

连日的大雨把整个海绵市都泡在了水里，海绵小子跪在阳台的椅子上，看着外面的倾盆大雨出了神。

海绵爸爸刚好经过，就问道："海绵小子，你干吗呢？"

"我看雨呢！爸爸，你说这么多雨水最后都去哪儿了？"海绵小子头也不回地问。

"雨水当然是流进下水道了。"海绵爸爸毫不犹豫地回答。

"下水道能装下这么多雨水？"海绵小子疑惑地问。

"当然不能，下水道只是城市水循环的一部分，雨水与我们社会中产生的生活污水、工业污水一样，会经过不同的管道被收集到污水处理厂进行处理，达到国家排放标准后，一部分会被人类利用，大部分会被排入附近的河流中，重新回归到大自然的怀抱。"海绵爸爸耐心解释道。

"污水处理厂是怎么把污水变干净的呢？"海绵小子从椅子上下来，站到海绵爸爸身边。

"让水宝演示一遍给你看吧！"海绵爸爸一边说着，一边把水宝从口袋里拿出来。

水宝翅膀一振，飞到空中说道："海绵爸爸，真的要这么做吗？水宝会变脏的。"

"为了让海绵小子更好地理解污水处理的过程，只能辛苦你了，回来我一定给你做一次'蒸馏按摩'。"海绵爸爸安慰水宝。

接着，海绵爸爸打开窗户，把水宝扔向空中，水宝在空中瞬间与雨水融为一体，落在地上，消失在下水道入口。海绵小子急忙问："水宝要去干什么？"

"水宝进入雨水中后，会打开随身携带的'雷达'，开启监控模式，而你就可以通过'天眼'传过来的画面，直接看到污水处理的整个过程，跟着水宝一起进行污水大闯关啦！"海绵爸爸刚说完，水宝已经将图像传送到空中。只见水宝在下水道七上八下地翻滚着，海绵小子紧张地握着拳头，席地而坐默默念道："水宝，你可一定要早点回来啊！"正想着，画面中传来水宝的声音：

"注意！我们要进入污水处理厂了！"

只见四周一片漆黑，什么都看不见了，海绵小子慌慌张张地站起来，

瞪大了眼睛，可画面还是黑漆漆的一片。海绵小子揉了揉眼睛，等再睁开时，眼前突然变得非常明亮，还出现了高大的格栅。

海绵小子正疑惑着，画面中又传来了水宝的声音："污水处理可以分为三级，一级处理由格栅间、泵房、曝气沉砂池和矩形平流式沉淀池组成，现在我们所在的就是格栅间，眼前就是第一道间距为 100 毫米的粗格栅，它就像过滤网一样，将污水中的树枝、棉丝、矿泉水瓶等大的漂浮物拦住，然后清除掉。"话音刚落，海绵小子就看到树枝、水瓶等都消失在水宝的身后，而水宝则轻松地穿过粗格栅，来到了更

一级处理示意图

| 100 毫米粗格栅过滤 | 20 毫米细格栅再次过滤 | 泵房抽升 |

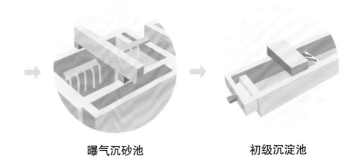

曝气沉砂池　　　　　　　　初级沉淀池

为高大且细密的第二道格栅。

　　水宝继续说："这是间隔为 20 毫米的细格栅，小型的固体垃圾在这里被拦截下来，这些漂浮物经过压榨后会被外运处理。"说完，水宝已经顺利通过细格栅，经过泵房抽升，流入下一个水池中。

　　"这里是曝气沉砂池，在这里，鼓风机设备将空气强制加入污水池中，使池内污水与空气充分接触，之后污水就会产生竖向紊流，污水中较轻的污泥会随气泡上升，粒径大于 0.2 毫米的砂粒沉降到池底，刮泥机往复运行将其刮至泥斗中，排至浓缩池。"说到这里，一股气流冲过来，水宝也开始在水中翻滚起来，一连翻了好几个跟头，就像孙悟空乘着筋斗云在天上飞来飞去。

远离气流后，水宝才晃晃悠悠地平稳下来，还没开口说话，就已经随着分离后的污水涌入一个新环境中。"这……这里……是初级沉淀池，我……刚才好晕啊……污水在这里进行自由沉淀，除去细小的沙粒和油脂。哎呀，我终于可以安静地休息一会儿了！"水宝长舒了一口气说道，"闯过刚才这几关，也就通过了一级污水处理，这个过程可以除去水中 20% 左右的污染物质。"

水宝说完，海绵小子看到屏幕里飘来很多白色光点，在漆黑的水池中显得格外美丽，如同夜空中的繁星，又如同深海中漂浮的水母。"这是什么？好漂亮啊！"海绵小子自言自语道。"这是经过一级处理后剩余的细小污染物在灯光下折射出的光亮。"海绵爸爸解释道。

正当海绵小子看得入迷的时候，屏幕中又传来了水宝的声音："别光顾着欣赏！是不是把我忘了啊？污水接下来还需要进行二、三级处理，二级处理是由曝气池和二级沉淀池组成的，我已经在曝气池了！这里主要利用活性污泥的凝聚、吸附、氧化、分解、沉淀等作用除去污水中的有机污染物。看好了，现在我们要向下游，进入二级沉淀池进行自由沉淀。在这里沉淀下来的污泥将从沉淀池底部排出，其中大部分会作为接种污泥回流至活性污泥池，重

二级处理示意图

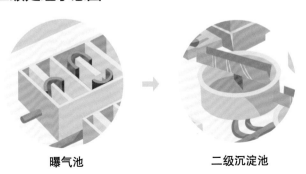

曝气池　　　　　　　　　　二级沉淀池

复利用，多余的污泥则从系统中排出，经过深度脱水后，进行无公害处理。我们马上就可以进行三级处理了。"

水宝上浮后，只见现在的水明显变得清澈了，海绵小子兴奋地说道："是不是马上就要成功了？"

"也没你想象得那么简单，污水经过二级处理后，仍含有磷、氮和难以降解的有害物质，容易造成水体富营养化，需要进一步净化处理。接下来是三级处理，也是对水的深度处理，是很复杂的关卡哦！"水宝还没开始介绍，周围突然变得一片浑浊，屏幕也看不清楚了。

"水宝你没事吧？这是怎么了？"海绵小子立刻询问，并把耳朵凑近屏幕准备听水宝的回复，可什么都没听到。

"放心吧，水宝没事，三级处理首先要在污水中加药，进行混合、絮凝、沉淀处理，以除去水中的磷酸盐，并控制水中悬浮物浓度。"海绵爸爸马上解释道，"刚才肯定是因为加药造成了浑浊，同时也影响了雷达信号的传输。"

"海绵小子，我在这里，现在能听到了吗？"这时画面中传来了水宝的声音，画面也已经变得清晰了，"接下来，就是污水处理的最后一关了——在反硝化生物滤池利用滤料和滤料表面的微生物作用，进一步实现总氮和悬浮物的去除，再经过抽样或加氯消毒，才算处理完毕。终于闯关成功了，海绵小子，快去自来水管接我吧！"

海绵小子打开水龙头，看到水宝出来后才

三级处理示意图

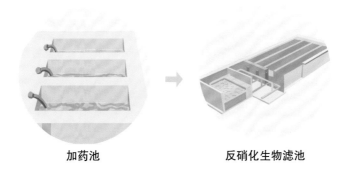

加药池　　　　　　　　反硝化生物滤池

长舒一口气，说道："辛苦水宝了，原来污水处理这么麻烦。"

"是的，所以我们以后更应该节约用水。"海绵爸爸对海绵小子说。

"好，为了节约用水，我决定以后都不洗袜子了。"海绵小子坚定地说。

"节约用水不是不用水。不洗袜子你会变

反硝化生物滤池

抽样或加氯消毒

洁净的自来水

成小臭蛋的。"海绵爸爸说道。

　　"我的袜子一点儿都不臭，不信你闻闻。"海绵小子掏出袜子说。

　　海绵爸爸与水宝见状，头也不回地跑掉了，只留下海绵小子站在原地，手中还挥舞着他的臭袜子。

水 宝 提 问

在日常生活中还有哪些地方会产生污水?

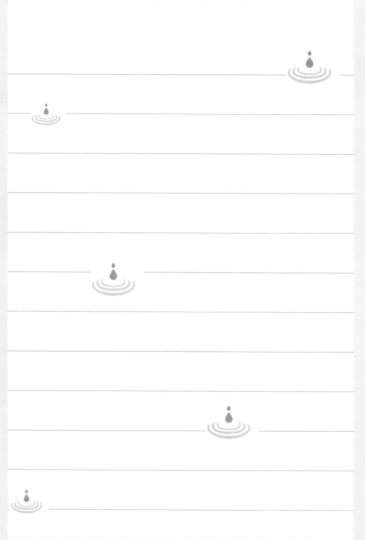

防患于未然——农药污染

阳光下，红彤彤的番茄闪闪发光。

海绵小子看到后兴奋地喊着："爸爸快来看，我们种的番茄终于变红了。"

海绵爸爸俯下身与海绵小子一起看着眼前这些红彤彤的番茄，满心欢喜。海绵小子被一旁的叶子吸引住了，原来叶子上爬满了密密麻麻的蚜虫。海绵小子转身跑向杂物

间，拿出杀虫剂，准备向番茄叶上的蚜虫喷去。一旁的海绵爸爸制止道："你这是要干什么？"海绵小子回答道："杀虫啊！"

海绵爸爸拿过杀虫剂说："杀虫剂可不能乱用，多数农药、杀虫剂都对人体有害，大量接触或者误食会造成急性中毒，甚至死亡。同时残留在水、土中的农药也会通过食物进入体内，引起急性或慢性中毒。"

"杀虫剂和农药还会污染土壤和水源吗？"海绵小子不解地问。

"不信你问水宝。"海绵爸爸把杀虫剂藏好，敲醒一旁睡觉的水宝。

海绵小子跑到水宝身边，摇摇水宝的小翅膀问："水宝，农药是怎么污染环境的？"

水宝眨眨眼，打了一个大大的哈欠，说道："首先，由于打农药通常采用喷雾的方式，农

药中的有机溶剂和部分农药飘浮在空气中，会
污染大气；其次，农田被雨水冲刷，农药则进
入江河，进而进入海洋，会污染地表水；最后，
残留在土壤中的农药还会渗透到地层深处污染
地下水。"

"大自然不是具有强大的自净功能吗？能
不能像降解垃圾那样清除这些污染呢？"海绵
小子急切地问道。

水宝此时已经恢复了精神，扑扇着翅膀飞

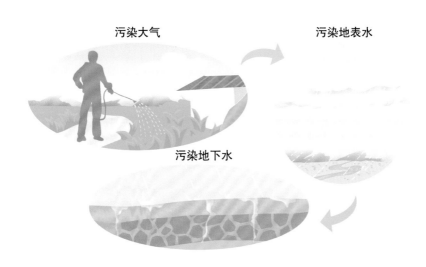

污染大气　　　　　　　污染地表水

污染地下水

起来，接着说："在自然环境中，很多农药成分非常难以降解，比如高残留农药 DDT（滴滴涕）。水域中的农药通过浮游植物—浮游动物—小鱼—大鱼的食物链传递、浓缩，在动物脂肪内蓄积，最终到达食物链顶端的食肉动物以及人类体内，并不断累积。美国国鸟白头海雕几乎就因此而灭绝，南极企鹅体内发现有 DDT，也是由于企鹅食用了体内积蓄了 DDT 的鱼类所致。"

"那我们不要再使用农药了。"海绵小子担心地说。

"也并非绝对的，现在我们讲究农药使用的科学性，同时大力提倡生物防治，比如保护益鸟、益虫，做到'以鸟治虫''以虫治虫'。"

海绵爸爸说完把有蚜虫的叶子摘掉，并继续说道："你看，要防患于未然，当虫害并不严重时，我们把有害虫的叶子处理掉就好了。"

海绵小子若有所思地想了想，又转身向卧室跑去。海绵爸爸问道："海绵，你去哪儿啊？"

"我去拿剪刀，把叶片都剪掉，防患于未然。"

海绵爸爸听后，立马阻止道："那样植物也会死掉的！"说着便追了上去。

小 妙 招

浸泡水洗法

　　水洗是清除蔬菜上的污染物和去除残留农药的基础方法。生活中常见的叶类蔬菜，如菠菜、金针菜、韭菜花、生菜、小白菜等可先用水冲洗表面污物，然后再用清水浸泡，浸泡不少于 10 分钟，但污染蔬菜的农药主要为有机磷类杀虫剂，有机磷类杀虫剂难溶于水，此种方法仅能除去部分污染农药。果蔬清洗剂可增加农药的溶出，所以浸泡时可加入少量果蔬清洗剂，浸泡后要用流水冲洗 2～3 遍。

小苏打溶液浸泡法

　　有机磷杀虫剂在碱性环境下分解速度快，所以小苏打溶液（显碱性）能有效去除各类蔬菜瓜果上的农药污染。具体操作方法是，先将蔬菜瓜果表面的污物冲洗干净，然后用小苏打溶液（一般 500 毫升水中加入小苏打 5～10 克）浸泡 5～15 分钟，最后再用清水冲洗 3～5 遍即可。

地上黄河——无机颗粒物的危害

　　"'君不见黄河之水天上来，奔流到海不复回。'爸爸，你快看黄河多么壮观啊！"海绵小子站在黄河边上，一边感叹，一边招呼海绵爸爸过来看。

　　"不错啊，还会背李白的诗了。"海绵爸爸赞许地摸摸海绵小子的头，继续问道："那你知道李白为什么把黄河说成天上之水吗？"

　　"我知道，黄河落差大，如同从天而降，李白用夸张的手法描写黄河的磅礴壮阔、势不可挡。"海绵小子自信地回答。

　　"不错，看来我们的海绵小子有进步啊！但是你只说对了一半！"海绵爸爸笑着说。

　　"只对了一半？"海绵小子疑惑不解。

　　"那是因为黄河还是地上河啊！"循声望

去，只见水宝站在冲浪板上，在黄河中一边自由自在地冲浪一边说道。

"地上河？水宝，什么是地上河啊？"海绵小子更不明白了，皱着眉头问道。

"河床高出两岸地面的河，就称为'地上河'。这主要是由于河流中的大量泥沙在中下游水流平缓、河床开阔的地带堆积而形成的。"话音刚落，水宝在冲浪板上来了一个高难度的后空翻，然后平稳落下，又朝着海绵小子挥了挥小翅膀。

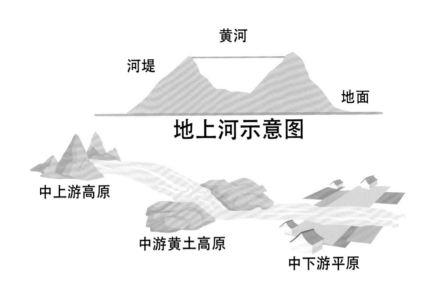

黄河

河堤

地面

地上河示意图

中上游高原

中游黄土高原

中下游平原

　　"水宝，你还是别耍酷了，快给我详细地介绍一下地上河吧！"海绵小子着急地说道。

　　"以黄河为例，中上游以山地为主，水流湍急。中段流经地表裸露的黄土高原地区，水流会挟带大量泥沙；黄河水每年挟带的泥沙可达 16 亿吨，其中有 12 亿吨流入大海。下游以平原、丘陵为主，水流缓慢，泥沙大量堆积，年长日久，河床自然高出两岸地面，就变成地上河了。李白把黄河比作天上水也是很贴切呢！"水宝说完，又在水面上做了一个危险的水平旋转动作。

"那河床变高，河水不就溢出来了吗？"海绵小子担心地说道。

"不止如此呢，泥沙等无机颗粒物进入河流，不仅会导致河床抬升，产生安全隐患，还会导致河流水体浑浊，破坏水中生态。"海绵爸爸在一旁补充道。

"那怎样才能解决这些棘手的问题呢？"海绵小子急忙问。

"首先要植树种草，防止水土流失；其次还要加强污水的净化处理，提高水资源的重复利用率……"海绵爸爸还没说完，突然听见"扑通"一声，他和海绵小子一起向水面看去，却早已不见了水宝的踪影，只剩下冲浪板在水面上荡来荡去。

海绵小子急忙跑到岸边四处张望，正要开口大声呼喊时，只见水宝满身黄泥、慢慢地爬上岸。看到水宝狼狈不堪的样子，海绵小子忍不住哈哈大笑起来。

看着海绵小子幸灾乐祸的样子，水宝从嘴里吐出一口黄水，喷了海绵小子一脸。海绵小子被这突如其来的"黄色炸弹"弄得呆若木鸡。看着眼前的两个小泥人，海绵爸爸笑得前仰后合。

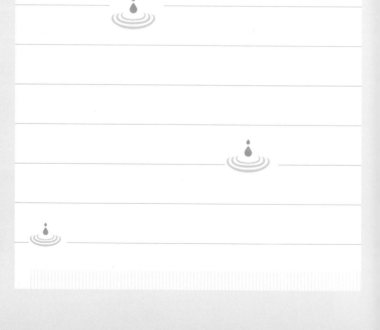

小朋友们

说说你们还知道哪些地上河吧！

水宝小考堂

74

钓鱼谜团——水体富营养化

　　湖面上，一个鱼漂随着水波上下漂浮，海绵小子垂头丧气地坐在湖边，手里握着鱼竿，目不转睛地盯着水面。水宝则坐在一边，用它的小翅膀抱着一瓶矿泉水喝个不停。

　　"海绵小子，我们回去吧！"水宝忍不住开口说道。

　　"再等等吧，我已经跟海绵爸爸打赌了，

今天如果钓不到鱼，就要给海绵爸爸洗一周的臭袜子了！"海绵小子用手托着小脑袋，扭头看了看正在不远处研究水质的海绵爸爸，皱了皱眉头，无奈地说道。

"这里水草太多，不会有鱼的。再继续坚持下去，也不会有什么收获。"水宝继续劝告着。

"不可能！鱼就爱吃水草，这里有这么多水草，肯定有很多鱼！我一定要钓上来给你们瞧瞧！"海绵小子说完握了握手中的鱼竿，将目光重新聚焦到鱼漂上。突然，海绵小子用眼角的余光瞥到湖边似乎有小鱼出现，心中一阵窃喜，心想："虽然没钓上鱼来，抓到鱼也算是一个大收获了，这样就不用给海绵爸爸洗袜子了！"

海绵小子快速跑到湖边，双手缓慢地向那条小鱼聚拢，然后快速合上，"抓到了！抓到了！我抓到了一条鱼！"海绵小子兴奋地边喊边跑到岸边，把小鱼放进早已准备好的水桶里。海绵爸爸听到后，好奇地凑了过来。只见小鱼先沉到水里，然后慢慢地浮到了水面上，肚皮朝上。

"原来是条死鱼啊！"海绵爸爸哈哈大笑道。

"怎么会这样？怎么会是死鱼呢？"海绵小子沮丧地说。

"你仔细观察一下湖面，看看跟我们之前去过的河、湖有没有不一样的地方。"海绵爸爸指着湖面对海绵小子说道。

海绵小子顺着爸爸手指的方向仔细观察了一会儿，犹豫地说道："这里的水更绿一些，水面上也长着茂盛的水草，感觉整个湖都要被水草军团占领了！"

"是的，鱼儿就是被水草'杀死'的。这里的水已经营养过剩了，湖里蓝藻、绿藻疯长。"海绵爸爸摸着海绵小子的头说道。

这时，水宝从湖面飞了回来，头顶上还顶着好些绿藻。水宝飞到水桶上空，将绿藻抖进水桶里，水藻慢慢遮盖了水面。

　　"你看，眼前的小湖如同这个水桶，过多的营养物质在水中富集，导致藻类在湖面大量繁殖，遮挡阳光，水下的藻类因得不到阳光照射而无法进行光合作用，不能产生氧气，并且它们还会吸收水里的氧气，这就必然导致水里的氧气逐渐减少，水里的生物因氧气不足而死亡、腐烂。"水宝详细地解释道。

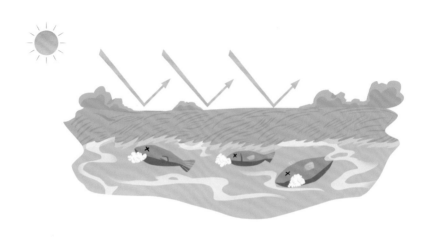

| 污水减排 | 打捞水草 | 保持平衡 |

"那我们能救救小鱼吗？"海绵小子担忧地问海绵爸爸。

"根据水体富营养化的主要原因，要想拯救小鱼，首先应该准确调查排入湖中的营养物质的主要排放源，找到合理的办法以减少或者截断外部营养物质的输入。如果主要排放源为未达标的工业废水，那么必须严格要求对工业废水进行处理，尽可能多地除去污水中的氮和磷，再进行排放；然后通过化学方法或者物理方法除去水中过度繁殖的植物，维持湖里的生态平衡。水体正常后，小鱼就会回来了！"海绵爸爸说道。

"原来如此。那我们截断流到河里的营养物质，让小鱼赶紧回来吧！"海绵小子说完，拉上水宝就跑。

　　"你站住，我知道你想耍赖，快回家给我洗臭袜子吧！"海绵爸爸识破了海绵小子的意图，快步追上来。

海鸟拯救小分队——石油污染

　　海边沙滩上，海绵小子正与海绵爸爸打沙滩排球。只见海绵爸爸一个龙拿虎跳，将球远远地击飞。排球在空中划出一道弧线，落在了远处的礁石缝里。海绵小子只好无奈地爬上礁石寻找排球。

　　海绵爸爸也急忙赶上去，却看到海绵小子直直地站在那里，正对着礁石缝发呆。海绵爸爸凑近一看，发现原来排球边还躺着一只海鸥，只见海鸥白色的羽毛上沾满了许多黑色的液体。海绵爸爸急忙捞出海鸥，放在一旁干燥的礁石上。

　　海绵小子用手摸了摸海鸥身上的

黑色液体，闻了闻，一股刺鼻的味道袭来，呛得海绵小子赶紧拿开了手，接着问道："爸爸，这是什么？"

"应该是石油。"海绵爸爸回答。

"石油？为什么海鸥身上会有石油呢？"海绵小子嫌弃地把手上的石油蹭到礁石上，但无论怎么擦拭，手上仍残留着一层油污。

"应该是石油泄漏，这只海鸥在捕鱼的时候不小心沾染到了，石油污染了它的羽毛，导致它无法飞行，被迫降落在了礁石缝里。"海绵爸爸拿出毛巾小心翼翼地把海鸥包裹起来，转身走向海洋生物救助所。

正在游泳的水宝看到海绵爸爸和海绵小子急匆匆地走了，也立刻从水中飞了出来，扑腾着湿漉漉的小翅膀，来到了他们身边。

"我没看到海鸥有伤口啊。"海绵小子紧紧跟随在爸爸身后说。

"几滴石油对海鸟来说都可能是致命的。当鸟类的羽毛被石油覆盖后，会丧失防水和保温功能。冷水浸透皮肤后，海鸟会因体温过低而死亡。同时，海鸟在用嘴清理羽毛时，一旦摄入石油中的有毒物质，就会产生腹泻和脱水等中毒症状。"海绵爸爸解释道。

"那我们把它放进水里洗洗不就好了吗？"海绵小子提议道。

"为海鸟去'油'并非易事，绝不能立刻清洗。受污染的海鸟通常体温过高，并且可能几天没进食、已经脱水了。我们需要先为海鸟做完整体检测、提供食物，在它充足休息后再进行一连串的浸泡和漂洗处理。"海绵爸爸看了看手中的海鸥继续说，"现在最紧要的就是把它送到海洋生物救治所里，否则它可能会死掉的。"

"石油污染这么严重啊！"海绵小子担心地说。

"石油污染给海鸟带来的伤害不止这些，甚至还会抑制海鸟的产卵和孵化，影响后代的繁殖。除此之外，还会对环境和其他生物造成很坏的影响，比如石油可黏附在鱼鳃上，使鱼

抑制海鸟的产卵和孵化

石油可黏附在鱼鳃上，使鱼窒息

石油污染地下水

窒息，降低水产品的质量；水面油膜的形成可阻碍水体的复氧作用，影响海洋浮游生物的生长，破坏海洋生态平衡；还会污染地下水，损害人体健康。"水宝说完后，海绵小子一行人也到达了海洋生物救治所。

"那怎么才能清理掉这些'烦人'的油污呢？"送走海鸥后，海绵小子一边搓洗着手上的石油污渍，一边问道。

"现在，世界各国都开始采用生物方法来修复石油污染，详细来说就是利用生物的生命代谢活动，减少土壤环境中有毒有害物的浓度，使污染了的土壤恢复到健康状态；或者利用自

利用微生物对石油中的有机物进行降解

然界存在的各种微生物，将石油废水中的有机物进行降解，达到净化的目的。"海绵爸爸边帮海绵小子处理手上的污渍边说。

海绵小子看着干净的小手，立马拉着海绵爸爸说："爸爸，我们快走，也许还有更多的海鸟需要我们拯救呢！"

海绵爸爸见状，说道："那我宣布，海鸟拯救小分队立刻行动！"

"好耶！"海绵小子兴奋地与海绵爸爸击掌为盟。

消失的雕像——酸雨的危害

在一处景点前，海绵爸爸不停地给雕像拍照，海绵小子与水宝跑过来，拉着海绵爸爸的衣角说道："爸爸，你怎么不给我们拍照啊？"

海绵爸爸尴尬地笑道："一激动就光顾着拍雕像了，稍等一下，马上给你们拍。"

"雕像又不是看不到，这么大块石头，几百年几千年都在，随时可以拍，我可是好不容

易才来一趟。等回去我要告诉妈妈！"海绵小子嘴里嘟囔着。

"哈哈，海绵小子别吃醋啦，马上就给你拍！不过，你说得确实不对，现在我们看到的雕像，也许不到一百年就会完全消失了。"海绵爸爸说道。

"怎么可能？雕像这么硬怎么会消失？"海绵小子问。

"除了日晒雨淋对雕像的伤害外，还有酸雨对雕像的腐蚀。"海绵爸爸调好镜头对海绵小子说道。

"酸雨？是加了醋的雨吗？"海绵小子好奇地看着海绵爸爸。

"酸雨就是雨、雪等在形成和降落的过程中，吸收并溶解了空气中的二氧化硫、氮氧化合物等物质，形成的 pH 低于 5.6 的酸性降水。"水宝在海绵小子耳边提醒道。

"就一点软绵绵的雨能有这么大的破坏力？"海绵小子怀疑地说道。

"酸雨是当代严重的环境问题之一，它被称为'空中死神'，更是文物古迹的头号杀手。酸性物质对金属、石材、水泥等材料有很强的腐蚀作用，铁轨、桥梁、输电线路等金属设施都难逃其魔爪，更何况是石材的雕像了。欧洲是世界文物古迹十分丰富的地区，但同时也是酸雨重灾区，在酸性物质的腐蚀下，大量的雕

腐蚀桥梁

腐蚀雕像

腐蚀铁轨

塑和古建筑已面目全非，给人类文化遗产造成了不可弥补的损失。"海绵爸爸一边解释，一边给海绵小子和水宝拍照。

拍完照，海绵小子回到海绵爸爸身边，看着相机里自己与雕像的合照，问道："我们以后真的见不到雕像了吗？"

"面对酸雨，也不是无计可施，我们可以

开发新能源

限制工业气体排放

乘坐公共交通工具

采取一些治理措施减少酸雨的形成啊！"海绵爸爸说道。

"具体有什么措施呢？"海绵小子问道。

"比如：开发风能、绿色氢能、太阳能、水能和潮汐能等新能源；使用燃煤脱

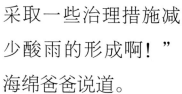

硫技术减少二氧化硫排放；要求工业气体处理后再排放；少开车、多乘坐公共交通工具出行。"海绵爸爸回答。

海绵小子回头看看微笑的雕像，转头跟海绵爸爸说道："爸爸，那我们今天走路回家吧，好让雕像不要那么快消失！"

发烧的大海——热污染

放学后，海绵小子一溜烟地跑回家，刚放下书包，就偷偷摸摸地将一个神秘水罐揣在怀里，拉着水宝出门了。海绵爸爸见状立马跟上，担心海绵小子又做什么"坏"事。

海绵小子拉着水宝跑到海港边，四处张望，正准备前往礁石区时，被海绵爸爸拦下。海绵爸爸不停地追问，海绵小子才不情愿地拉开衣服，拿出神秘水罐，递到海绵爸爸手中。海绵爸爸一看，水罐里有一条如珊瑚般赤红的小鱼，非常可爱。原来小鱼是海绵小子昨天从路边的渔夫手里"抢救"回来的，准备今天实施放生计划，谁知道被海绵爸爸打断了。

海绵爸爸看着海绵小子，指了指远方的电厂说道："小鱼放生在这里是不安全的！"

"这里为什么不安全？"海绵小子反问道，"这里离家近，我以后还能来看看小鱼呢！"

海绵爸爸见海绵小子不死心，就对着一旁的水宝说道："水宝，开启环保雷达模式。"

只见水宝飞到空中，浑身发光，开始了对周围区域的监测，很快在海绵爸爸和海绵小子的面前投射出了监测结果的画面。

海绵爸爸指着监测画面对海绵小子说道："看见没？这片红色区域就是我们所在的位置，深红色的部分就是电厂所在，这里的水体温度变高了，已经不适合鱼儿生存了。"

"水体温度变高，是大海'发烧'了吗？

为什么呢？"海绵小子追问道。

"水体温度变高是大海被动地'发烧'了，这是因热电厂、核电站、炼钢厂等排出来的冷却水所造成的，是热污染的一种。"海绵爸爸解释道。

"那它对鱼儿又有什么影响呢？"海绵小子又问道。

"**热污染首当其冲的受害者就是水生生物。水温升高，使水中溶解氧减少，水体处于缺氧状态，同时又使水生生物代谢率增高而需要更**

热污染使得水温升高，水体处于缺氧状态，造成一些水生生物发育受阻或死亡

水温上升给一些致病微生物提供了人工温床

多的氧，这就会造成一些水生生物发育受阻或死亡，从而对环境和生态平衡产生不利影响。此外，水温上升给一些致病微生物提供了人工温床，使它们得以滋生、泛滥，进而引起疾病流行，危害人类健康。1965年，澳大利亚曾流行过一种脑膜炎，后经科学家证实，其祸根就是一种变形原虫。由于当地发电厂排出的热水使河水温度升高，这种变形原虫在温水中大量滋生，造成水源污染，从而导致了那次脑膜炎的流行。"海绵爸爸解释道。

"爸爸，快点帮小鱼找一片安全的海域吧！"海绵小子恳求道。

"看我的。水宝，水域扫描！"海绵爸爸话音一落，水宝就启动了水域扫描模式，很快在不远处找到一片安全区域。

海绵小子拉着海绵爸爸、抱着水罐迫不及待地向目的地跑去。

到了目的地，只见眼前波光粼粼、海鸥翱翔，一派生机勃勃的景象。海绵小子把水罐放进水里，小鱼慢慢游出水罐，化作一条红色的光，消失在碧蓝的海水中。

　　海绵小子看着远去的小鱼，问道："爸爸，我们怎么才能保护大海，让大海不'发烧'呢？"

　　海绵爸爸摸着海绵小子的头，看着远处蔚蓝的大海说："**充分利用工业余热，是减少热**

利用水能、风能和太阳能等新能源

污染最主要的措施，同时利用水能、风能、地热能、潮汐能和太阳能等新能源，也是防止和减少热污染的重要途径。"

"嗯，我们要一起保护这片美丽的海洋！"海绵小子一边说，一边和海绵爸爸、水宝击掌为誓。

答对一半——生活节水

　　洗手间里，海绵小子正和水宝在马桶前争执不休，引得海绵爸爸侧目。

　　海绵小子指着马桶左边的冲水按钮说道："是左边！"水宝则指着另一边说道："右边！"

　　海绵爸爸纳闷地问道："你们围着马桶干什么呢？"

　　海绵小子走过去，拉着海绵爸爸的左手说道："爸爸，你快告诉水宝，小便后是不是

按下大按钮就可以了？"水宝也不甘示弱地用小翅膀拉着海绵爸爸的右手，说道："是小按钮！"

海绵爸爸恍然大悟，哈哈大笑道："原来是这个问题啊，水宝答对一半。"

"答对一半？"海绵小子疑惑道，水宝也不满地在空中打着转。

"是的，只答对了一半。马桶上有一大一小两个冲水按钮，小一点的按钮代表着半水冲水，按下只会放二分之一或者三分之一的水；大一点的按钮代表着满水冲水，按下则会将水箱里的水

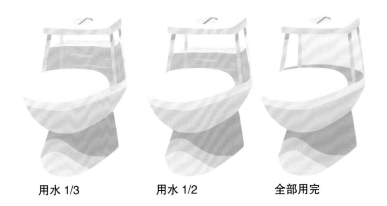

用水 1/3   用水 1/2   全部用完

一次性排完。如果两个按钮一起按的话，也会冲走全部的水，但马力更大、冲击力更强。"

"一个小小的马桶，为什么要做得这么复杂呢？"海绵小子还是想不明白。

"因为两个按钮的功能不同，所以我们就可以根据不同情况选择相应的按法，这样可以起到节能省水的作用。实际上，轻按大按钮，适合量比较少的排便；重按大按钮，则适合量比较多的排便；轻按小按钮，适合量比较少的排尿；重按小按钮，适合量比较多的排尿。是轻按还是重按，要视情况而定，所以水宝只答对了一半。"

"真的有必要这么节约用水吗？"海绵小子不以为然道。

"全世界还有超过10亿的人口用不上清洁的水，每年有310万人因饮用不洁水患病而死亡。

非洲缺水的小孩　　　　世界水日（3月22日）

我国人均水资源占有量不足世界水平的 1/3，近 2/3 的城市不同程度缺水，所以节约用水非常必要。"海绵爸爸严肃地继续说道，"今天是 3 月 22 日——世界水日，就让我告诉你们一些日常节水的小妙招，我们一起节约用水吧！"

说着海绵爸爸便带着海绵小子来到厨房的水槽边，指着正在淘米的海绵妈妈说道："可以先用淘米水洗碗筷，然后再用清水冲

洗，这样不仅可以节约用水，还可以减少洗洁精的污染。"

"洗碗筷时，可以先用纸把餐具上的油渍擦去，再用热水洗，最后冲洗干净，这样比冷水冲洗更节水。"说完，海绵爸爸又带着海绵小子来到浴室，"尽量缩短每次洗澡的时间，在抹肥皂、洗头发时也应先把水龙头关掉，据说减少冲澡时间一分钟，就能节省九升水。另外，还可以将洗澡冲下的肥皂水和洗发水等含有化学物质的水收集起来，用来冲马桶。"

"爸爸，我突然也想到一个节水小妙招。"海绵小子得意地说道。

"哦，这么快就学会节约用水了？"海绵爸爸将信将疑地问道。

"嗯，我决定以后大、小便积攒在一起再去上洗手间；刷牙嘛，也可以一天刷一次，这样就可以省下不少水了。"海绵小子得意扬扬地说道。

"那你不仅会从海绵小子变成海绵臭蛋，还会尿裤裆。"海绵爸爸打趣地说道。水宝则在空中开心地不停转圈，说着："尿裤裆，尿裤裆。"

未来水世界——水厂可持续发展

卧室里，沉睡的水宝发出淡蓝色的光芒，海绵小子看着发光的水宝不知所措，只能求助于海绵爸爸。

"爸爸，你快来看，水宝发光了！"海绵小子着急地喊着。

海绵爸爸赶紧来到海绵小子的卧室，看着发光的水宝，惊喜地说道："终于启动了。"

海绵小子不解地看着海绵爸爸问："什么启动了？"

"未来水世界启动了。"海绵爸爸小心翼翼地抱起水宝，问海绵小子："想不想见见未来的水世界？"

"好啊。"海绵小子说完就随着海绵爸爸来到金风水厂。

海绵爸爸打开实验室的门，将发光的水宝放入一个玻璃器皿中，随即水宝发出了更加璀璨的光华，光华慢慢扩散，最后变成了星星点点的光芒。

　　海绵爸爸指着那些光芒说道："这些是微型藻类，平时只有在显微镜下才能看到，今天通过水宝的强化功能，我们用肉眼就可以看到了。"

　　"微型藻类？那是干什么用的？"海绵小子急切地问道。

"微型藻类简称微藻，是藻类的一种，环境适应能力强，在地球上广泛分布。其种类繁多，部分种类可在废水中生存，并吸收废水中的碳、氮、磷和无机盐等营养物质，通过光合作用和内部转化，变成蛋白质、淀粉、色素和油脂等有用成分，同时释放氧气。这样不仅实现了人类对废水中营养物质的回收利用，还为人类的生产、生活提供了高附加值的产品，可谓一举两得！"

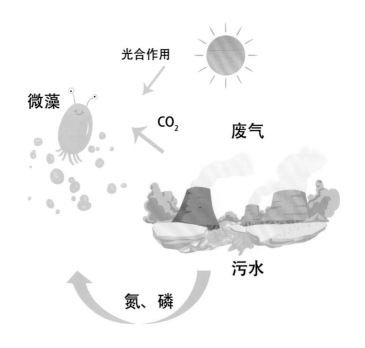

"微藻有这么多作用，真是人类的好帮手！可是，这跟未来水世界有什么联系呢？"海绵小子不解地问道。

"联系大着呢！目前水世界中的市政污水处理正面临着运行成本高、效率低、能耗大等问题，亟须改造升级，而微藻的独特功能就为未来水世界的概念化水厂的设计提供了新思路。"海绵爸爸解释道。

海绵小子正埋头思考，突然听到海绵爸爸说："跟我去金风水厂看看叔叔阿姨们一起制作的未来水厂模型吧！看完你就明白了。"

海绵爸爸抱起盛着水宝的玻璃器皿，径直向前走去，海绵小子紧随其后。他们很快就来到了水厂模型旁边，海绵爸爸把水宝放在了一个特殊位置，接着就给海绵小子介绍起来："你现在看到的就是污水处理模块，污水在这里先得以简单处理，然后就会被输送到微藻培养模块。"

"哎，那不是水宝吗？海绵爸爸你把水宝

放在微藻培养模块的目的，是用来强化微藻的作用吗？"海绵小子迫不及待地说道。

"是啊，这个模块可以在污水中培养微藻，利用微藻除去水中的污染物，同时产生大量的微藻用于其他模块，比如：微藻产品制备，可用来制造生物柴油、微藻生物制品等；污泥制沼气，可利用微藻吸收二氧化碳，提纯沼气；电厂废气处理等。"海绵爸爸回应道。

"哇！如果这个能实现那该有多好啊！水宝真棒！"海绵小子看着发光的水宝不禁感叹道。

"是啊，水宝是我们净水的重要一步，是我们花费很多心血才研究出来的！你知道我们的城市为什么叫海绵市吗？"海绵爸爸将目光转向海绵小子，并问道。

"为什么呢？"海绵小子看着海绵爸爸问道。

"海绵会吸收水分，我们也希望我们的城

市可以将雨水回收利用，利用微藻实现水资源的内循环，这样不仅可以增加可用水资源，还可以减少城市中污水处理的压力，降低城市的洪涝风险。我们所做的一切都是希望能找到永恒的绿色钥匙，我们想让蓝天住进人们眼中，让更多人喝到更健康的水，让每一个生命都能获得水的滋养。"

海绵小子看看海绵爸爸，再转头看看发光的水宝，似乎明白了什么，说道："我以后也要成为像爸爸一样的人，让水宝变得更有用。让我们一起为人类奉献碧水蓝天，给未来留下更多资源吧。"